YURI EBIHARA
Here I am

JULY 2019 **NICE FRANCE**

s 1820

YURI'S STYLE **30 DAYS**

YURI'S STYLE

30 DAYS

蛯原友里の
TOKYO30days

DAY 1_Studio

DAY 2_Rain

DAY 3_Sea

DAY 4_Walk

DAY 5_Interior shop

DAY 6_Web shopping

DAY 7_Sister

DAY 8_Location bus

DAY 9_Birthday

DAY 10_Exhibition

DAY 11_Meeting

DAY 12_Party

DAY 13_Shooting

DAY 14_Interview

DAY 15_Family day

DAY 16_Shooting

DAY 17_Alone time

DAY 18_Supermarket

DAY 19_Travel

DAY 20_Lunch

DAY 21_Closet room

DAY 22_Sample check

DAY 23_Body making

DAY 24_Drawing

DAY 25_Shopping

DAY 26_Coffee time

DAY 27_TV shooting

DAY 28_Shueisha

DAY 29_Break

DAY 30_Make up

DAY 1

スタジオ入り

現場入りは日常から仕事モードへと気分が切り替わる瞬間。この日は、今一番お気に入りのスカートをはいて都内のスタジオへ。行ったばかりのニースの街に影響されてか、パステルカラー多めの着こなしに！

JACKET_ROKU
TOP_INSCRIRE
SKIRT_APIECE APART
SUNGLASSES_EYEVAN 7285
BAG_MARNI
SHOES_JIL SANDER

DAY 2

雨ロケ

雑誌の撮影は予備日なし。雨の日だって雪の日だって撮影をします。そんな時こそスタッフの力を結集！ 結果、すごくいい写真が撮れたりするんです。

JACKET_Drawer
ONE-PIECE_maje
BAG_CHANEL

DAY 3

海ロケ

海ロケは、大好きな撮影のひとつです。この日は晴海のベイサイドへ。夕暮れどきの風が気持ちいい〜。ゆるカジュアルでリラックスして、海沿いの空気感を楽しみます。

CARDIGAN_L'Appartement
TOP_H BEAUTY&YOUTH
PANTS_KOCHÉ
SUNGLASSES_OLIVER PEOPLES THE ROW
EARRINGS_MARIA BLACK
BAG_STELLA McCARTNEY
SHOES_CELINE

DAY 4

息子と散歩

息子とのお散歩はかけがえのない時間。息子と出かける時は汚れてもいいように暗い色の服ばかり着ていた時期もあったけれど、やっぱりおしゃれして楽しみたい！　ハッピーになれる色って素敵ですよね。

KNIT_DEMYLEE
T-SHIRT_ATON
PANTS_ROKU
BAG_MARRAKSHI LIFE
SHOES_HAYN

DAY 5

インテリアショップ

高校も大学もデザイン科。そのせいかインテリアショップをのぞくのが趣味です。青山の『ロッシュボボア』は偶然見つけたお店のひとつ。女心をくすぐられる、きれいな色のソファにひと目惚れ！

JACKET_martinique
BLOUSE_Scye
DENIM PANTS_MOTHER
EARRINGS_CELINE
BAG_CHANEL

DAY 6

ネットショッピング

時短のためにネットショッピングを活用しています。何かをそろえなくちゃいけない時、やることが多くて忙しい時は、ちょっとした空き時間にやっぱり頼っちゃいますよね。

BLOUSE_sandro
DENIM PANTS_ZARA
GLASSES_EYEVAN 7285

DAY 7

妹との時間

英里とは双子だから、妹っていうよりは分身みたいな存在。今は子供のころみたいにずっと一緒にいられるわけではないけど、会った時は子供たちも姉弟みたいに仲がよくって、ひとつの大きい家族みたい。双子がそろった時のパワーはすごいです。英里が笑ってるとやっぱりうれしい！

HOODIE_ISABEL MARANT ÉTOILE
PANTS_martinique

DAY 8

ロケバスの中

モデルはたいてい、ロケバスの一番後ろの席に座ります。私はいつもこうやって、乗り出しておしゃべりしちゃう(笑)。現場に行ったら楽しいほうがいいし、朝からみんなとおしゃべりすると、今日も一日頑張ろうって思えるんです。

KNIT_DEMYLEE

DAY 9

誕生日祝い

この日はちょっと早いけれど、この本の撮影の日にサプライズでお祝いしてもらいました。編集さんが用意してくれた大きなリボンつきのケーキを見た瞬間、みんなのテンションが一気に上がった！ ケーキの上の「40」という数字に、この時初めて、もうすぐ40歳なんだぁって実感したな〜。

BLOUSE_Scye
DENIM PANTS_MOTHER
SHOES_Christian Louboutin

DAY 10

ブランドの展示会へ

KNIT_Chaos
PANTS_KOCHÉ
CAP_Casselini fifth avenue
EARRINGS_CELINE
BAG_CHANEL
SHOES_CELINE

DAY 11

打ち合わせへ

SHIRT_martinique
SKIRT_ZARA
SUNGLASSES_EYEVAN 7285
EARRINGS_MARIA BLACK
BAG_CELINE
SHOES_MANOLO BLAHNIK

DAY 12

仕事の打ち上げへ

T-SHIRT_RE/DONE
PANTS_ROKU
HEADBAND_Jennifer Ouellette
EARRINGS_MARIA BLACK
BAG_STELLA McCARTNEY
SHOES_Christian Louboutin

DAY 13

撮影3本立て！

TOP&CAP_& Other Stories
PANTS_Chaos
EARRINGS_CELINE
BAG_dragon
SHOES_Chloé

DAY 14

編集部で取材DAY

JACKET_Chaos
ONE-PIECE_maje
LEGGINGS_UNIQLO
GLASSES_EYEVAN 7285
BAG_J&M DAVIDSON
SHOES_STELLA McCARTNEY

DAY 15

妹家族と遊ぶ日！

HOODIE_CABaN
SKIRT_Chaos
EARRINGS_LUCAS JACK
BAG_BALENCIAGA
SHOES_GIUSEPPE ZANOTTI

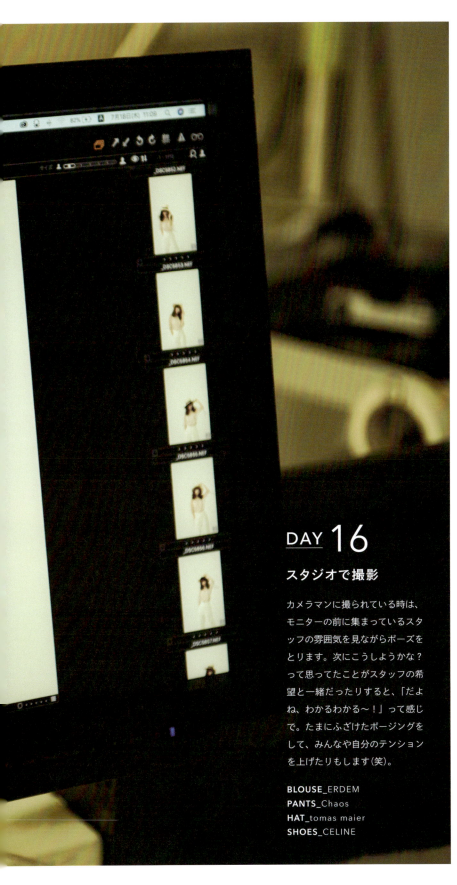

DAY 16

スタジオで撮影

カメラマンに撮られている時は、モニターの前に集まっているスタッフの雰囲気を見ながらポーズをとります。次にこうしようかな？って思ってたことがスタッフの希望と一緒だったりすると、「だよね、わかるわかる〜！」って感じで。たまにふざけたポージングをして、みんなや自分のテンションを上げたりもします(笑)。

BLOUSE_ERDEM
PANTS_Chaos
HAT_tomas maier
SHOES_CELINE

DAY 17

ひとりの時間

シンプルなTシャツと、甘いスカート。こんなミックスコーデはスタイリストのふーちん(徳原文子さん)と集英社でお仕事をするようになってから覚えたスタイル。今はこのミックス感がすごく心地いい。"蛯原友里40歳のマイベーシック"って言えるかも!

T-SHIRT_RE/DONE
SKIRT_UNITED ARROWS
CAP_BEAUTY&YOUTH
EARRINGS_MARIA BLACK
NECKLACE_TIFFANY & Co.
BAG_GUCCI
SHOES_PIERRE HARDY

DAY 18

スーパーへ買い物に

なんでもない日常にこそ、きれい色を着ているかな。らくちんなパーカやロングスカートだってちょっと特別になるから。足もとがスニーカーでも、カジュアルすぎないところもうれしい。

HOODIE_CABaN
SKIRT_enrica
GLASSES_EYEVAN 7285
EARRINGS_SUZANNA Dai
BAG_ZARA
SHOES_Chloé

DAY 19

1泊2日の小旅行

時間を見つけては温泉に行ったり宮崎の実家に帰ったり。よく小旅行をしています。旅スタイルは動きやすさが一番！ でもやっぱりおしゃれしてたいよね。この日はディテールのあるブラウスでカジュアルなデニムに華やかさを足しました。

BLOUSE_maje
DENIM PANTS_MOTHER
JACKET_YLÈVE
BAG_CELINE

DAY 20

友達とランチ

たまの休日は友達とゆっくりランチ。ホントにゆっくりできる時は、大人のランチ気分で、ワインを飲みながらもいいですよね。この日は、ベージュのワントーンで柄スカート on 柄パンプスに挑戦。こんなふうに遊び心があるコーディネートが好き。

KNIT_Drawer
SKIRT_ZARA
JACKET_Chaos
SUNGLASSES_EYEVAN 7285
BAG_CELINE
SHOES_Christian Louboutin

DAY 21
クローゼットルームにて

整理整頓するのが好きです。家がすっきりしていると、やっぱり気持ちもすっきりしますよね！ クローゼットはシンプルに、見やすくなるようにしてます。

ONE-PIECE_CASA FLINE
SUNGLASSES_BLANC
EARRINGS_radà

DAY 22
サンプルチェック

モデルのお仕事ばかりしてきた私が、キャミソールとしても授乳ケープとしても使えるマルチユースな授乳ケープのブランド『KIHARAT』を立ち上げました。シルク100％の極上の肌ざわりは私のこだわり。40歳、新しいチャレンジの始まりです！

ONE-PIECE_MARRAKSHI LIFE

DAY 23

ボディメイク

40歳を目前にトレーニングを再開しました。週1ペースで続けると、体重は変わらないのに体がみるみる引き締まっていくのを実感！ 明るい色のウエアを着ると体に空気が入っていくような気がして、意識して選ぶようにしています。

TOP_Chacott
INNER_adidas
PANTS_adidas
SHOES_adidas by Stella McCartney

DAY 24

息子とお絵描き

息子はお絵描きが大好き！　こうしてリビングの床やテーブルでよく一緒に遊びます。勢いあまって、たまに画用紙から絵の具が飛び出しちゃうけれど、ふけば落ちるし、まぁいいかぁって見守ってます。

HOODIE_ISABEL MARANT ÉTOILE
SKIRT_enrica

DAY 25

ショッピング大好き

買い物は出会いだと思ってるから、ホントにいいなぁと思うものを見つけた時は、ワクワクしますね。これだ！ って思った時の直感を大事にしているけど、きちんと試着するところは私の慎重なところでもあったり。

JACKET_Drawer
T-SHIRT_RE/DONE
SKIRT_L'AVENTURE martinique
HEADBAND_La Maison de Lyllis
EARRINGS_UNKNOWN
BAG_J&M DAVIDSON
SHOES_LANVIN

DAY 26

コーヒーを淹れる

コーヒーが大好きで、時間がある時は、豆から挽いてハンドドリップでコーヒーを淹れます。ていねいに淹れたコーヒーは、香りも味も全然違う！ 贅沢な時間です。

ONE-PIECE_CLANE

DAY 27

TV番組の収録

雑誌育ちだから、慣れないテレビのお仕事はいつも緊張します。ジャケットスタイルできちんと感を出しつつも、ドットの帽子やスニーカーで遊び心を足して。

JACKET_Chaos
ONE-PIECE_GALERIE VIE
LEGGINGS_UNIQLO
CAP_MAISON MICHEL
BAG_GUCCI
SHOES_PIERRE HARDY

DAY 28

集英社で打ち合わせ

打ち合わせや取材で、月に何度も通う集英社。社員じゃないけどキャリアウーマン風を気取りたいのか(笑)、ジャケットを着ていく率が高いです。オフィスで働く女性ってカッコいいですよね！

JACKET_YLÈVE
T-SHIRT_RE/DONE
PANTS_Chaos
GLASSES_EYEVAN 7285
WATCH_Cartier
BAG_STELLA McCARTNEY
SHOES_Christian Louboutin

DAY 29

休憩

仕事や家事でたくさん動いた後、ほんのちょっと休憩。ゆっくりしすぎると眠くなっちゃうから、ほどほどにしないとね。ひと息ついてパワーチャージ。

ONE-PIECE_GALERIE VIE
HEADBAND_La Maison de Lyllis

DAY 30

ヘアメイク中

素顔からメイク顔になる、いつもの時間。メイクをしてもらうと、自然と自信がもてるんです。そんな気持ちが写真に写っていると、なんだか、うれしくなっちゃう。

T-SHIRT_INSCRIRE

YURI'S FASHION **CLOSET**

YURI'S FASHION
CLOSET
40歳のクローゼット

FAVORITE JACKET

「ジャケットはまめに更新します」

いつからかはおりものといえば、ジャケット一辺倒。ジャケットこそ流行リが出るから、毎年のように更新しています。今は、ビッグサイズに夢中。こうして並べてみると、シルエットがそっくり！

1_YLÈVE
2_Chaos
3_ROKU
4_Chaos

YURI'S FASHION **CLOSET**

FAVORITE ONE-PIECE

「実は、家でもワンピース派」

ワンピースは昔から大好き！ 丈はぐんと長くなりました。お出かけ着としてはもちろん、家で着ることがとても多いんです。お母さんの昔の写真を見たら、子育て中でも可愛いワンピを着ていて。その影響もあるのかな？

1_MARRAKSHI LIFE
2_CASA FLINE
3_CLANE
4_maje

FAVORITE BOTTOMS

「ボトムは派手です！」

クローゼットに派手なボトムが多いということを、この単行本の撮影をして初めて自覚しました。特にマルチストライプ柄が多かった！ ヘビロテのスニーカーやぺたんこ靴との相性がいいところも好きな理由のひとつ。

1_ZARA
2_N°21
3_KOCHÉ
4_APIECE APART

YURI'S FASHION **CLOSET**

FAVORITE TOPS

「トップスはシンプルに」

昔は華やかなトップスを好んで着ていたけれど、今はボトムが派手なぶん、トップスはシンプルな着こなしが気に入ってます。夏はTシャツ、冬はニットがメインで、ゆるめのシルエットが多いです。

1_DEMYLEE
2_Chaos
3_AURALEE
4_RE/DONE
5_CABaN
6_INSCRIRE
7_ATON

YURI'S FASHION **CLOSET**

FAVORITE BAGS

「バッグは大きいか小さいか」

大きいバッグはたくさん荷物を入れても軽いタイプ、小さいバッグは斜めがけもできるチェーンバッグが好き。お財布と携帯電話だけ小さいバッグに入れて、大きいバッグと２個持ちするスタイルが日常です。

1_dragon
2_MARRAKSHI LIFE
3_STELLA McCARTNEY
4_CHANEL

FAVORITE SHOES

「ほぼ毎日がぺたんこ靴」

最近は、ハイテク系のスニーカーをよく履いています。上げ底のものが多いから、すらりと見えてうれしいです。ぺたんこ靴はアクセントになるタイプを選びます。

1_STELLA McCARTNEY
2_GIUSEPPE ZANOTTI
3_JIL SANDER
4_PIERRE HARDY

FAVORITE ACCESSORIES

「気がつけばゴールドのピアスばかり！」

ネックレスやバングルなどのアクセサリーをあまりつけない代わり、ピアスは毎日のようにつけています。こうして並べると、ゴールドばかり！ この華やかさと甘さが好みです。

1_ANTON HEUNIS
2_CELINE
3_UNKNOWN
4_MARIA BLACK
5_CELINE
6_GOOSSENS PARIS

YURI'S BEAUTY **A to Z**

YURI'S BEAUTY

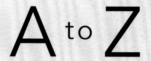

蛯原友里の
キレイをつくるもの

A _ AGE	N _ NO MAKE
B _ BREATH	O _ OPEN MIND
C _ COMPLEX	P _ POSTURE
D _ DATA	Q _ QUALITY
E _ EYE	R _ RELAX
F _ FUTURE	S _ SMILE
G _ GOAL	T _ THANK
H _ HERB	U _ UV-CARE
I _ IMAGE	V _ VOICE
J _ JAPAN	W _ WRINKLE
K _ KEEP	X _ EXERCISE
L _ LEGS	Y _ YUMMY
M _ MAKE UP	Z _ ZZZ...

AGE

年齢を重ねるごとに魅力的な女性に
なっていけたらなって思っています。
ただ、40歳になることに気負いはなくて、
いつの間にか自然と今の場所にいる感じで、
それがとても居心地がよくて。
ゆっくりだけど、さまざまなことを経験し、
柔軟な心をもてるようになってきた気がしてます。
これからも日々を大切に暮らし、
自分らしく心を豊かにしていきたいな。

B
BREATH

いろんなことにすぐ夢中になりすぎちゃう私。
そんな時は、深呼吸をしてリフレッシュ。
新鮮な空気を体に入れたら、
頭をスッキリさせて、心はポジティブに。

COMPLEX

コンプレックス。考えたらいっぱいあります。
中学生の時、O脚を直したくて
脚をタオルで縛って寝たりしたなぁ(笑)。
でもコンプレックスも全部含めてそれが私!
今はそんな自分も大好きです。

E
<u>EYE</u>

いろんな表情をもつ瞳。
今は力まないで、自然体でいられたら。

FUTURE

過去は振り返らない、未来志向です。
終わったことには本当に執着がなくて、すぐ忘れちゃう。
後悔したって変えられないし、悩むんだったら
それを乗り越えるためにどうするかを考えたい。
父が体育会系だったからかな?
〝できなかったら努力しろ!〟っていつも言われてて、
隣に英里がいたから、私も努力しなくちゃしょうがなくて、
水泳の時も隠れてトレーニングしたりしてね(笑)。

GOAL

未来志向といっても、
そんなに遠い目標は設定しません。
目標の先は、だいたい1週間くらい。
すごく短いスタンスです。
その積み重ねが大事だと思ってます。

Ḣ

HERB

ハーブ好きが高じて、
「ハーブセラピスト」の資格を取りました。
いつもお家で作るのは、
クレソン、パクチー、紫玉ねぎ、にんじん、
ナッツ、リンゴを混ぜて、
スイートチリソースをかけるだけの
簡単ハーブサラダ。

IMAGE

よく、「理想とする女性は?」と聞かれるけれど、
実はいないんです。
誰かを目標にすると、自分じゃなくなっちゃうみたいで。
でも、暗いよりは明るいほうがいいとか、
単純な小さなイメージはいっぱいいっぱいある!
それが積み上げられてる感じかな。

JAPAN

祖母が先生をやっていたこともあり、
子供のころに日本舞踊を習っていました。
茶道や書道も習っていたので、
和の心に触れることが多かったです。
凛とした気持ちになり、落ち着きます。

日本舞踊も姉妹で。傘を持っている写真は、左が私で右が英里。隣は、白が英里で赤が私。

KEEP

ずっと続けている習慣は、お風呂に入ること。
どんな時でもシャワーだけですまさず、
湯船につかるようにしています。
やっぱり、ゆっくりお風呂に入らないと
体の疲れがとれない気がするんですよね。
ちなみにナレーションの台本を覚えるのもお風呂。
声が響くし、頭に入りやすいんです。

L
LEGS

〇脚だし骨っぽいし
絶対に自慢はできないんだけど、
この脚を見ると
自分らしさが出てるなぁって思います。
子供のころに鍛えた、
ふくらはぎの筋肉を見たりすると特にね（笑）。

MAKE UP

NO MAKE

仕事でもプライベートでも、
断然メイクはナチュラルになりました。
ふだんはマスカラもアイラインも
しないことが多くて、
リップとチークで血色を足すくらい。
昔じゃ想像もつかないなぁ。

OPEN MIND

よく気さくだねって言われるけど、
実はけっこう人見知り。
嘘もつけないタイプだし、
〝正直〟っていう意味では、オープンマインドかな。

POSTURE

撮影ではいろんなポーズをするけど、
ふだんは姿勢をよくするよう心がけています。
胸を開いて背中を緩めるイメージで。

量より質を心がけて過ごしていきたい。
洋服もそうだし、家具もそう。
暮らしの中で質を感じていきたい。
年齢を重ねるごとにそう思うようになってきました。
でも、シンプルすぎるのは寂しいから、
気持ちが上がる要素は大切にして。

QUALITY

R

RELAX

ほんの一瞬でもいいから、何にも考えず、
ボーッとしたり、風を感じてみたり、
今を大切にできる時間をつくるって大切。
ごちゃごちゃ焦った気持ちも、
リラックスすることで落ち着いて、
また新しい気持ちで始められる感じがしています。
私にとっては、息子とハグする瞬間が
一番のリラックスかな。

SMILE

息子のかかりつけの小児科の先生が言ってた言葉、
〝母の笑顔は太陽です〟。
すごくシンプルな言葉なんだけど、
本当にそうだなぁって思います。
私の母はまさに
太陽のような温かさで包んでくれる、
どんな時もそばにいてくれる安心できる存在。
強い元気な光だけじゃなく、
寂しい時にも心を満たしてくれる。
柔らかく、優しい光も持っていて、そっと微笑んでくれる。
だからこの言葉が心に響いたんだと思う。
私も息子にとって優しい笑顔で包んであげられる
母でいたいなぁって思っています。

T
THANK

うまくいかない時、大変だった時期、
いろんなもどかしさはあったけど、
そんなことから学べることがたくさんありました。
泣いて、笑って、つまずきそうになって、
でも背中を押してくれる人がいて、
そして、また笑って。
今こうしてここにいられるのも、
本当にたくさんの人に支えてもらったおかげです。
感謝してもしきれないと、今、改めて思います。

UV-CARE

昔からUVケアはしっかりしてきました。
紫外線対策ってとっても大事。
きれいなお肌を保つには、マストです。
最近は、ふだんの石鹸で洗い流せて、
子供と兼用できるタイプを愛用しています。

VOICE

〝ありがとう〟〝どうにかなるよ〟
いつもポジティブな言葉を
声に出すようにしています。
後は目標も誰かに話すとうまくいく気がする！
最近では、新しい挑戦、
声で表現するお仕事も楽しくなってきました。

WRINKLE

シワはしょうがない！ できる！
シワがあるから深みが出る。
笑いジワのある女性、素敵です。

EXERCISE

トレーニングをすることで、
40歳からでもきれいになれるって実感しています。
若いころとは違う体との向き合い方があり、
ここからでも変われるんだなって思うと楽しくなる！
心も体も健康になって、すがすがしい毎日を。

YUMMY

好き嫌いはほとんどなくて、
甘いものも炭水化物もなんでも食べます。
食べたいものをいっぱい食べて、
調整する時は調整する。
制限しすぎると、ストレスになっちゃうからね。

Ż

ZZZ...

いつでもどこでも眠れるのが特技です。
ふだんは夜9時ごろに息子と一緒に寝て、
基本は8時間睡眠。
たくさん寝て、食べて、笑って。
そんな普通のことができるのって、
幸せだと感じています。

YURI EBIHARA SPECIAL INTERVIEW

YURI EBIHARA

SPECIAL INTERVIEW

過去、今、これから。蛯原友里、40歳の素顔。

——雑誌『CanCam』の専属モデルとして誌面を飾るやいなや人気急上昇。全国の女の子が「なりたい！」「近づきたい！」と憧れ、ファッションやメイクをまねする、"エビちゃんブーム"を巻き起こした。その人気と輝きは衰え知らず。あのころから、40歳を迎えた今もずっと、トップモデルの最前線を走り続けている蛯原友里。彼女がモデルの仕事をスタートさせたのは大学生のころ。福岡の街でスカウトされたのがきっかけだった。

「大学では空間デザインの勉強をしていて。卒業後はバリバリのキャリアウーマンになる予定だったんです(笑)。当時の私にとって、モデルの仕事はアルバイト感覚。その仕事もデパートのチラシや地方CM、ファッションビルのショーがほとんどで。現場では自分でヘアメイクをして、準備されている服を自分で着て、"よろしくお願いします"とスタンバイ。靴やアクセまでは用意してもらえないことも多く、自分で買ったそれらをメイク道具と一緒にスーツケースに詰めて、ガラガラと引きずりながら現場に向かう……。あのころはそれがあたりまえでした。今、振り返ると"大変だったな"と思うこともあるけれど、当時はそれ

が楽しくて仕方なかった。オーディションを受けて手にした仕事はどんなに小さな撮影でもやりがいがあったし、オーディションに落ちるたびに"じゃあ、次はどうすればいいんだろう"と必死に研究。ひとつひとつの経験がすごく勉強になりました。

楽しいと思えたのは、モデル仲間の存在も大きいのかな。先輩たちは本当に優しくて、何も知らない私にいろんなことを教えてくれました。それこそ、カメラの前のポージングからショーのウォーキングまで。幼いころから私は体育会系の環境で育ってきたから、みんなで同じ夢に向かって突き進む環境は、これまた部活の延長のように楽しくて(笑)。私が本気でモデルを目ざすようになったのも、そんな先輩たちの姿がまぶしく輝いて見えたからなんですよ」

——上京を決意したのも先輩たちが「行っておいで！」と背中を押してくれたから。

「それは大学卒業のタイミング。ある意味、私にとっては就職感覚で。"ダメだったら戻ってきます"と言いながら"ちゃんと結果を出さないと"と。覚悟を決めて出てきたのを今でも覚えています。

スカウトをきっかけに飛び込んだ世界。
上京したのは大学卒業後でした

YURI EBIHARA **SPECIAL INTERVIEW**

モデルを辞めようと思ったことはないけれど
「このままでいいのか」迷い悩んだことはある

でも、東京はやっぱりそんなに甘くはなかった。上京したばかりのころはなかなか仕事に恵まれず、絶望的な気持ちになった時期もありました。そんな時に出会ったのが『CanCam』で。専属モデルに決まった時は本当にうれしかった。〝これで東京で、本格的にモデルのお仕事ができる！〟って。同時に、プロの世界に飛び込み、そんな自分の甘さを痛感する瞬間も。編集部やスタッフやモデル仲間も温かく迎え入れてくれて、毎日はすごく楽しかったんですけど……。やっぱり、モデルは多くの人に見られ、比べられる仕事。読者の〝好きなコーディネートランキング〟で下位にいる自分を見つけて落ち込むたびに、ただカメラの前に立ってニッコリ笑っているだけじゃダメなんだ、これがプロの世界なんだなって。そんな厳しさも学び、改めて背すじがピンと伸びた気がします」

20代から30代へと移りゆく中
悩み迷ったから、自由になれた

「モデルの仕事はひとりではできない。カメラマン、スタイリスト、ヘアメイクをはじめ、多くのスタッフとともに現場に立つことで初めて成立する仕事。誰と一緒に仕事をするかはもちろん、その日の天気、現場の空気感……パズルの小さなピースがひとつ異なるだけで、カメラに収まる写真はガラッと変わる。同じ写真は一枚もこの世に存在しない。それがこの仕事の楽しさであり、おもしろさでもあって。そんな環境の中、すべてがバチ

ンと重なり〝奇跡の一枚〟が撮れる瞬間があるんです。その瞬間が、たまらなく好き。その〝一枚〟のために、私はこの仕事を続けているような気がする」

──それは今も昔もずっと変わらない思い。
「この仕事を長く続けているとたまに聞かれるんです。〝モデルを辞めようと思ったことはありますか？〟って。その答えは〝ありません！〟。本当に、辞めようと思ったことは一度もないんです」

──あっけらかんとそう言い放つ彼女だが、もちろん、過去には迷い悩んだ時期も。
「それは『CanCam』を卒業して、『AneCan』の専属モデルとして活動するようになった30歳のころ。20代から30代へと移りゆく中、〝このままでいいのかな〟って。目の前の仕事に取り組むだけで精いっぱいだった時期を経て、これからどう変化していけばいいのか……私自身、模索していた時期でもありました。そんな時に足を踏み入れた新たなフィールド。そこで、まず言われたのが〝エビちゃんぽくなくていい〟という言葉だったんです。もちろん、それは私の新たな魅力を引き出そうという思いからかけてくれた言葉。とてもありがたいことだと理解してはいたんだけど。撮影現場で〝それはエビちゃんだから、違うのが欲しい〟と言われるたび、今までの自分を否定されているような気持ちにもなってしまったりして。だからね、このころの写真を見返すとやたら大人っぽい表情をしているんですよ、私」

163

足を止めて悩んでも答えは出ない。
大事なのは目の前にある仕事を"やり続ける"こと

——それはモデルの仕事を始めてから、初めてぶつかった"壁"。

「可愛く笑えば"エビちゃん"になるし、今の自分らしくもない。何が正解なのかわからず、当時はとにかく悩み迷いました。でも、結果、それがよかったのかな。試行錯誤を繰り返したおかげで、表情やポージングのバリエーションがグッと増えたんです。また、モデルの仕事を続ける中、気づかぬうちに"皆が求めているのはコレだよね"というパターンのようなものが自分の中にできあがってしまっていて。いい意味で、それもくずれた。そこからなのかもしれない。より無理なく自由に、私がカメラの前に立てるようになったのは」

——その"壁"を乗り越えるきっかけについて、彼女はこんな言葉を続けた。

「特にきっかけはなくて……。大事なのは"やり続ける"ことだったのかもしれない。足を止めて考えても答えは出ない。前に進まないと状況は変わらない。目の前の仕事に全力を注ぎ、カメラの前に立ち続けていたら、いつの間にかできていた。それが正直な感想なんです(笑)」

思いどおりにいかないことより、
"今できること"に目を向ける

「過去にはモードな世界に挑戦したくて、急に前髪をパツンと切ったこともあれば、やたら黒い服を身につけていた時期も。当時は真剣に悩んでい

たのかもしれないけど、振り返れば、長い人生の中のポツンとした一瞬!! いつまでも同じ状況は続かない、時間はどんどん過ぎていく。だったら、思いどおりにいかないことにヤキモキするよりも、できることに目を向けて、私は前に進みたい」

——蛯原友里は明るくポジティブな人だ。彼女がいる現場は常に笑いが絶えずにぎやか。その現場に流れる楽しい空気はどのように生み出しているのか、尋ねるとこんな答えが。

「カメラの前では常に無理なく自然体のまま立っていたい。嘘なく心から笑顔になれる自分でいたい。だからこそ、現場の空気はとても大切。そして、それは私ひとりで作れるものではないから。相手に心を開いてもらうためには、まずは自分から開かなければいけない。人見知りだからこそ、飾らず、気取らず、常に自然体で楽しむように心がけています。と言いつつ、私が現場で笑っているのは、心がけずとも単純に、スタッフの皆と過ごす時間が楽しいだけなんですけどね(笑)」

——撮影終了後、一緒に作品を作り上げることができた達成感と感謝の気持ちをこめて、スタッフ全員と必ずハイタッチをする。それはモデルを始めたころからずっと続けていること。今も昔もずっとフランクでオープンマインド。

「"変わらない"と言ってもらえるのなら、それはきっと、蛯原家で育ったからなんだと思う。

　うちの父はとても厳しい人。私たち姉妹が水泳

で九州大会の選抜メンバーに選ばれた時、恥ずかしさでふてくされた表情を浮かべた妹を見て〝感謝の気持ちを忘れるな！〟と壇上から引きずり下ろしたこともあれば、地元のお祭りで私が握手を求められただけで〝調子に乗るな！〟と怒ったことも（笑）。自分ひとりで生きていると思うな、まわりへの感謝の気持ちを忘れるな、と。それはもう、父に厳しく言われながら私たちは育ったんです」

年齢と経験を重ねるたびに感じる 「私のベースは蛯原家にある」

「蛯原家は両親、私と双子の妹、弟の5人家族。幼いころから、姉弟3人で水泳を習っていたんです。この水泳に関しても、うちの父はとても厳しく熱心で。自分も水泳経験者だったがゆえに、いても立ってもいられず、プール教室でもコーチたちと一緒になって私たちを指導。それを見た教室のスタッフが父をスカウト。いつの間にかコーチになっていたという伝説が残っているほど（笑）。それだけに指導はかなりのスパルタ！ 腕立て、腹筋、背筋、スクワット、鉄アレイをそれぞれ200回、うさぎ跳びで家のまわりを5周するのが小学生の私たちの日課だったんです（笑）。

当時、父がよく口にしていたのが〝努力は裏切らない。日々の訓練なしに上達はありえない〟という言葉。そんな父に背中を押され、タイムが伸びない時は、とにかく目の前のトレーニングに全力を注ぎました。すると、それが結果に結びつき、

その経験が自分の自信につながったりして。大事なのは日々の積み重ね、あきらめずに努力を続ければ、いずれ壁を乗り越えることができる……。私が小さなことで悩まずポジティブに前を向けるのも、そんな経験があるからなのかもしれない（笑）」

——フランクでオープンマインドな性格もまた、蛯原家で培われたもののひとつ。

「ただ厳しいだけでなく、父は家族に思いきり愛情を注いでくれる人でもあって。庭のバスケットゴールをはじめ、実家はいつも父が私たちのために手作りしてくれたものであふれていました。家族でいろんな場所を旅したのも大切な思い出。

そうそう、家族だけでなく、父が幼なじみと作った〝4人会〟で旅行するのも毎年の恒例行事で、夏がくるたびに4家族で大移動（笑）。また、親戚もすごく仲がよくて、ことあるごとに大集合。それは今も変わらずで、それぞれの家族の子供が結婚したり出産したり、その人数は増えるばかり。どんどんにぎやかになっているんです（笑）。

習い事も学校も、双子の妹の英里はいつも一緒。家に帰れば家族が誰かしらいる。いない時は、近所のおばあちゃんが面倒を見てくれる……私ね、家でひとりで過ごしたことがほとんどないんです。家族はもちろん、いろんな人とかかわりながら私は育ってきたんだなって、改めて思う。誰かと過ごす時間が好き、みんなと物作りする作業が好き、そして、さみしがり屋なこの性格も、すべてはそんな環境の中で育まれたのかもしれませんね」

幼いころから父に厳しく言われたのは 「ひとりで生きていると思うな」「感謝の気持ちを忘れるな」

――母親もまた、彼女にとって大きな存在。

「私ね、今まで〝働かない〟という選択肢をもった
ことがないんです。結婚するまでもしてからも、
働くのがあたりまえだと思っていた。それはきっ
と、家族のために働き続けた母の姿を見て育った
から。朝起きて家族の食事を作り、家族を送り出
した後は仕事へ。帰ってきた後も夕食を作り家事
をこなし……母はとにかくずっと動いている人で。
大人になって気づいたんですけど、子供のころに
母が寝ている姿を見た記憶、ほとんどないんです。
幼いながらに、そんな母親を心から尊敬していた
から、母とは一度もケンカをしたことがなくて。
それはたぶん、妹も弟も同じ。さらに、自分が母親
になってから、その尊敬の気持ちは大きくなるばか
かり。子育てと仕事の両立を〝大変だな〟と思う
こともあるけれど、母と比べたらまだまだ！ 妥
協しているなと感じることばかりですからね（笑）」

30歳で結婚。35歳で出産。
ひとりの女性として迎えた転機

――モデルとしてキャリアを積む中、人生の転機
も経験した。2009年、RIP SLYMEのILMARIさ
んと入籍。家族に愛され育った彼女が、今は〝自
分の家族〟をもつようになった。

「実はね、彼を知るようになった最初のきっかけ
は妹の英里なんです。彼女がRIP SLYMEの大ファ
ンで。しょっちゅう、彼のことを〝カッコいい！〟
と言っていたんですよ。そこで、私も興味をもち

〝どんな人なんだろう〟とMVを見たら、本当にカ
ッコよくて（笑）。〝会いたいな〟と思っていた矢先、
偶然にもバッタリ出会ってしまったんです。

結婚を決めたのは……生まれて初めて、真正面
からプロポーズしてくれたのが彼だったから。そ
れもひとつの理由だけど、もちろん、一番の理由
はそこではなくて（笑）。今までにないほど一緒に
いる時間が自然で居心地がよかったから。今もこ
の先もずっと、2人の時間が続いていくことが、
あたりまえのように思えたからなんです」

――そして2015年、第1子である長男を出産。
家族は3人に増えた。

「言うなれば、結婚は恋人の延長線上。生活や環
境が変わったのは、子供が生まれてから。

最初は、仕事と育児の両立に戸惑うことが多か
った。でも時がたつにつれてだんだんと時間の使
い方が見えてきて、子供との時間をたくさんもて
るようになったり、仕事とプライベートとのメリ
ハリをつけられるようになってきました。それは
私だけの力ではなく、もちろん彼の協力あってこ
そ。わが家では〝できることをできる人がする〟が
ルールなんです。役割分担をキッチリ決めてしま
うと〝なんでゴミ捨てしてないの！〟になってしま
う（笑）。役割をまっとうしない、してくれない、
イライラがお互いに募ってしまうから。また、大
事な撮影が控えている時は〝集中したいでしょ〟と
自ら率先して家事を手伝ってくれたり。ジャンル
は違うけど彼も同じような仕事をしているので、

一緒にいる時間がすごく自然で居心地がよくて。
2人の時間が続いていくのが、あたりまえに思えた

YURI EBIHARA **SPECIAL INTERVIEW**

お互いにないものを持っているから
夫婦2人がそろえばマイナスがプラスに変わる

私のスタンスを理解して気遣ってくれる、そこも
すごく助かっています。

　もちろん、ケンカをする時もありますよ。ケン
カをした時に心がけているのは長引かせないこと。
そのひとつの方法が〝忘れる〟（笑）。まあ、私の場
合は心がけなくても忘れちゃうことが多いんです
けど。そんな私の性格を彼もよく知っているので、
笑って許してくれていると信じています（笑）。ち
なみに、私たちはまわりから見るとどうやら真逆
みたい。言葉で表現すると〝凸と凹〟になるのかな。
でも、それは私が持っていないものを彼が持って
いて、彼が持っていないものを私が持っていると
いうこと。2人そろえばマイナスがプラスになる。
いい関係だと思っています」

パパの〝パ〟、ママの〝マ〟、息子の名前の
頭文字。その3文字が家族のチーム名

──そんな2人が今、大切にしているのが息子さ
んと3人で過ごす時間。

「幼稚園の送り迎えはどちらかだけではなく、で
きるだけ夫婦そろって行くのがわが家のお約束な
んです。両親そろって〝いってらっしゃい〟と〝お
かえりなさい〟をしたいから。それが息子にとっ
てもあたりまえになっているんでしょうね。パパ
の〝パ〟と、ママの〝マ〟と、息子の頭文字、この3
文字を合わせた言葉を息子はよく口にするんです。
気づけば、それがまるで、私たち家族のチーム名
みたいな感じになっていて」

──「どんな母親でありたいか」「どんな家族を築
いていきたいか」そこには彼女のこんな想いが。

「〝どんな母親でありたいか〟は、自分のこと。そ
れよりも〝子供に何をしてあげたいのか〟のほうが
大事なのかなって思っています。

　その〝してあげたいこと〟のひとつが、本人の意
思を受け入れ、全力で見守り応援すること。やり
たいことや好きなことを見つけたら、それを大切
に守ってあげたい、迷わず進みなさいと背中を押
してあげたい。〝やるからにはしっかりやりなさい〟
と言える厳しさと、つまずいた時は〝大丈夫だよ〟
と支える優しさ、その2つをちゃんと持ちながら
ね。親がレールを敷くのではなく、自分の道を自
分の足で楽しみながら歩いてほしい。臆せず挑戦
しながら自分の世界をどんどん広げてほしい。

　理想の家族像に関しては、これからも3人でひ
とつ、いつまでもチームのような家族であれたら
いいなって思っています。パパもママもあなたの
ことが大好き、何があってもずっと一緒、なんの
不安もないんだよと、息子にはあふれんばかりの
愛情を思いっきり注いであげたい。そして、3人
でいろんな景色を眺めながら、いろんな経験と思
い出をたくさん積み重ねていけたら……。今願う
のはそれだけ！」

自分の進むべき道を
ちゃんと自分で選べる女性でありたい

「この本の撮影時、ひと足先に誕生日をお祝いし
ていただいたんです。目の前に差し出されたケー

キには"40"のデコレーションが。その数字を見て、改めてビックリ。近づいているのは知っていたけど、そんなに気にしていなかったから。仕事に、子育てに、夢中になっているうちにたどりついてしまった、それが今の素直な気持ちだったりして」

——あっという間だった40歳までの道のり。
「振り返ると、30歳を迎える時はもっと"節目"を意識していた気がする。当時はまだ、目の前にいくつもの選択肢があったから。『ああなりたい』『こうなりたい』がもっとたくさんあった。40歳になる時にそれを感じなかったのはきっと、もうすでに自分が進むべき道を選んだからなんだろうな。自分が選んだ選択肢をこれからどう充実させていくのか、今はそこに重きを置きながら毎日を過ごしているのかもしれない」

——理想の女性像に関しても、こんな変化が。
「今の私が『かっこいいな』『素敵だな』と思う女性は、自分で選んだ道を歩いている人。若いころは、やりたいことだけじゃなく、やりなさいと言われることも、なんでも経験したほうがいいと思っていた。でも、40歳になった今は、自分で進むべき道を選べる人、自分で取捨選択できる人でありたいなって思う。『自分に大切なものは何なのか』向き合ったうえで『大切なものがあるから、今ここにいる』とちゃんと思うことができる。キャリアウーマンでも、専業主婦でも、シングルマザーでも……そんなふうに前に進んでいる女性は肩書

きにかかわらずみんな"カッコいい"」

——そう語る彼女もまた、自分の進むべき道を選んできたひとり。2018年、自身の事務所を設立し、デビューからずっとお世話になってきた事務所を離れ、新たに自分の足で歩き始めた。
「出産して子供との生活がスタートしたころ、"仕事をどう続けていくのか"悩んだことがあるんです。生まれたばかりの子供の寝顔を見ていたら、ギュウと胸がせつなく苦しくなって……。こんな幼い子供を家に残してまで、撮影現場に行くべきなのかって。それでも、モデルの仕事を続けたのは、子供が成長する過程で自分が働いている姿を見てほしいなと思うようになったから。子供は親の背中を見て育つ。だからこそ、私も子供が誇りに思えるような歩き方をしていきたい。そう考えるようになってからなんです、自分で選んで、責任をもって、仕事をしたいと意識するようになったのは」

限界を決めるのは自分自身。
私はそこで止まりたくなかった

——その裏側では、こんな葛藤もあった。
「私からすると"与えられた仕事"だけれど、それは事務所のスタッフが苦労してつかんできてくれた仕事。多くの人が私のために動き守ってくれている、そこにはすごく感謝をしていたし。とても居心地がよかったのもまた事実。でも"このままじゃ何も変わらない"と感じている私もいて……。

「大切なものがあるから、私はここにいる」
どんな時もそう思える自分でありたいと思った

やりたいことを楽しんでやっている自分がいないと
これからの人生がきっと色あせてしまう

モデルを始めてから、ありがたいことにたくさんの仕事に恵まれて〝蛯原友里〟としてのイメージができあがった。そのぶん、同じようなイメージを求められるようになったり、撮影で着る洋服も同じテイストのものが増えていったり……。それもまた、モデルとしては正しいひとつの道なのかもしれません。でも、私はそこで止まりたくなかった。もっといろんなテイストを身につけて、いろんな表現がしたかった。挑戦しながら自分の可能性を試してみたかった。自分の世界を広げたかった。

それを言葉にすると、まわりは〝雑誌の表紙も飾れているのに、たくさんの人がやりたいと思っている仕事を今できているのに、どうして？〟と不思議な顔をしました。もちろん、その言葉も私は痛いほど理解できたんだけど……。やっぱり、やりたいことを楽しくやっている自分がいないと、これからの人生楽しくないなって。何年後かに〝あの時、やっておけばよかった〟と後悔するくらいなら、思いをカタチにして進もうって。自分の意思で選び、前に進むことを決意したんです。

とはいえ、多くの人がかかわっている仕事ですから、時間をかけてゆっくりと自分の思いを確認しつつ、気持ちを固めていきました。驚いたのが、それを事務所に伝えた時、私の意思を尊重して受け入れてくれたこと。最後まで私のことを大切に考えてくれて、気持ちよく送り出してもらえたこと、そして今でもサポートしてくれていることに、本当に感謝しています」

──新事務所のマネージャーとして、ママ友を招き入れたのも彼女らしいエピソード。

「〝やりたいこと〟のひとつに〝働くママさんを応援したい〟もあって。〝この人は仕事ができるぞ〟と目をつけていたママ友が〝そろそろ社会復帰したいと思っている〟と言うのを耳にして、思いきって、声をかけてしまいました（笑）。以前は〝自分ひとりのために〟頑張れた。でも今は、そこに〝誰かのために〟が加わった。子供のため、世のママのため、自分の働く姿が誰かの力になったら。そんな思いに背中を押してもらっている自分も、最近は強く感じているんです」

20代でも、30代でもなく、
40歳の今の顔が一番好き

──自分で選び決断しながら歩んできた40年。

「最近、過去の写真を見返しているんですけど。上京したばかりの自分の顔はやっぱりちょっと恥ずかしい（笑）。どこか田舎っぽくあかぬけていないし。メイクされるまま、服を着せられるまま、自分が確立していないからか毎日〝顔〟が違う。で、やっと確立してきたなと思ったら、今度は見ているこっちが疲れてしまうほど力が入り始めたりして（笑）。年齢や経験で顔つきは変わっていく。雑誌の誌面を飾ってきた写真たちは、私にとってはまるでアルバムのような存在。ちなみに、今の自分の顔はというと……上京したころよりも引き締まったかな（笑）。毎日、カメラの前で笑っているおかげか

「あのころに戻りたい」とはいっさい思わない。
今が一番、無理のない顔をしているから

も。幼いころは瓜二つと言われた双子の妹の英里だけど、彼女は彼女で母親らしい柔らかい顔になっていたりして。大人になるたび少しずつ2人の顔が変わっていく、それもなんかおもしろいよね」

──そして、続いたのがこの言葉。
「実はね、この本の表紙の写真はすっぴんなんです。以前の私なら、考えられない一枚(笑)。あくまでもすっぴんは舞台裏の素顔。昔の私は、それを表紙にしようなんて考えなかったと思う。

よ〜く見ると、私の左側の目じりには小さな傷があって。それは子供のころにぶつけて3針縫った傷あと。昔はそれも嫌いで、傷あとを隠すように左を向いている写真が多かったりして。でも今は、そんなの全然気にならなくなった(笑)。若いころは〝こう見られたい〟〝ああ見られたい〟という思いが強かったのかな。私ね、上京したばかりのころは方言がひどくて。事務所から『標準語を話して』と言われ、辞書を毎日持ち歩いていたんですよ。みんなの理想の〝エビちゃん〟であることをまわりからも求められたし、私自身もそうありたかった。振り返ると、背伸びをしていたというか、少し無理をしていたのかもしれない。

すっぴんを見せることにまったく抵抗がない今は、ありのままの自分を愛せるようになったからなんだろうね。私ね、20代でも、30代でもなく、40歳の今の自分の顔が一番好きなの。そりゃ、シミとかシワとか気になりますよ(笑)。でも、あのころに戻りたいとはいっさい思わないかな。今

が一番、無理のない顔をしているから」

──今の彼女が公私ともに大切にしているのもまた「自分らしくあること」。
「昔はね、演技のお仕事をはじめ、モデル以外の仕事が本当に苦手で。自分には向いていない、やりたくないって、ずっと思っていたの。でも、今はそこに対しても、興味をもてるなら、無理なく楽しめそうなら、挑戦したいなと思うように。以前は失敗するのが怖かったし、モデルじゃない自分の姿を見せるのが恥ずかしかったのかもしれない。もちろん、今だって失敗は怖いですよ。だからこそ、準備を念入りに自分が納得するまでする。ここまで頑張って失敗したら〝しょうがない〟!!潔く切り替えて前を向く。自分の可能性を決めつけて狭めるのは、やっぱりもったいない。今の自分だからできることもきっとあると思うしね」

豊かな人生を送るためにも
「すべてを受け入れる」自分でありたい

──今の蛯原友里はとても自由だ。
「年齢と経験を重ねるたびに自分の中にルールが増えていくから。世間ではよく〝人は大人になるたび頑なになる〟というけれど、私はむしろ、どんどん柔らかくなっているのかもしれない(笑)。身につけた経験や学びは宝だとは思うけど、柔らかい自分でいるほうが毎日が楽しくなると思うんですよ。

この本の撮影場所にニースを選んだのは、今まで一度も訪れたことのない場所だったから。初めての土地で自分がどんな表情をするのか、すごく楽しみだった。実はね、今回の撮影スケジュールも事前に決め込むのではなく、現地に行ってからの空気感を大切にしながら進めたんです。信頼できるスタッフと話し合いながら、予定になかった場所で撮影したり、その場の天気や雰囲気でプランをガラリと変えたりして。結果、たくさんの〝奇跡の一枚〟に出会うことができた……。

人生も仕事も予定調和だとおもしろくない。自分で決めつけてしまったらつまらない。そう思えるようになったのも、柔らかくなれたのも、すべてはきっと〝今〟だから。経験や時間を積み重ねて手に入れた、ブレない土台が自分の中にしっかりあるからなのかもしれない。若いころはそれがなかったから、逆に頑なになっていたのかもしれないよね」

──ひとりの女性として豊かな人生を生きることが、モデルの表現を豊かにしてくれる。それもまた、今の彼女が感じていることのひとつ。

「甘いものも食べるし、炭水化物も食べるし、日々の生活においても基本的に無理はしない。それがいいのか悪いのかはわからないけど(笑)、毎日の幸せもちゃんと味わいながら前に進んでいきたいなって思うんです。

豊かな人生を送るために私が心がけていること。それは〝すべてを受け入れる〟ことなのかな。例え

ば、子供が生まれてから自由な時間がなくなった。でも、それは自分が望んで選んだ道。手に入らないものやできないことではなく、今あるものや今できることに目を向ける。その姿勢は昔から変わらないけど、現状と争うのではなく、現状を受け入れながら、より〝今〟を楽しむようになりました。老いに関しても同じですよね。シワやシミは誰にだって必ずできるもの。人生を積み重ねてきた〝勲章〟として、ある程度は目をつぶり許してあげる(笑)。〝しょうがない〟もまた大切なキーワード。人生には小さな妥協は必要です。完璧じゃなくてもいい、ちゃんとしてなくてもいい、自分を許し認める勇気をもつのも豊かな人生を送るために必要なこと!」

──最後に〝これからの蛯原友里〟について尋ねると、彼女らしいこんな答えが返ってきた。

「ひと言で言うと〝今のままでいい〟なんだと思う。だって、今いるこの場所が最高に幸せだから。

それはたくさんの出会いとタイミングが重なり生まれたもの。望んで作れるものではないし、私ひとりの力で生み出せるものでもない。〝今のままでいい〟と言うと向上心がないように聞こえるかもしれないけど、あたりまえのことではないからこそ、それを維持していくのはとても大変なこと。これ以上の幸せを望むのは贅沢。今あるものすべてに感謝して、幸せを噛み締めながら前に進んでいける、これからもそんな自分でいられたらいいなって」

経験や時間を積み重ね、手に入れたブレない土台。それがあるから、柔らかくなれる

最後まで読んでくださってありがとうございます。

気がついたら、ここに立っていた、
そんな時の流れを感じています。

過ごしてきた一瞬一瞬が
今の私にはなくてはならない、意味のあるものでした。

私にかかわってくださったすべての方々、
そして、いつも応援して励ましてくれる
ファンの方々に感謝の気持ちをこめて
今の私を、飾らず、素直に、この本で表現しました。

これからも、宝物のような時間を、思いっきり楽しんで
皆さんと一緒に過ごしていけたらうれしいです。

蛯原 友里

PROFILE

蛯原友里

1979年10月3日生まれ、宮崎県出身。福岡の大
学を卒業後、上京。2002年、小学館『CanCam』
の専属モデルとしてデビューし、「エビちゃん
OL」が女子大生・OLの間で大ブームに。その後
『AneCan』『Domani』を経て、2018年に集英社
『Marisol』に登場。抜群のビジュアルに加えて、
ナチュラルな大人の魅力で新境地を開拓している

STAFF

撮 影	黒沼 諭（aosora／ニース編）
	渡辺謙太郎（MOUSTACHE／東京編）
スタイリスト	徳原文子
ヘア＆メイク	森 ユキオ（ROI）
インタビュー・文	石井美輪
アートディレクション	藤村雅史
デザイン	清水美咲（藤村雅史デザイン事務所）
構成・文	磯部安伽
編 集	小松香織
現地コーディネーター	Hiroko Suzuki（ニース編）
マネージメント	津村由衣子（kiharat）

SPECIAL THANKS

ADRIFT by David Myers

Chaos

L'Appartement

martinique

Roche Bobois

YURI EBIHARA
Here I am

2019年10月6日　第1刷発行

著　者　蛯原友里
発行人　佐藤真穂
編集人　石田真理
発行所　株式会社 集英社
　　　　〒101-8050
　　　　東京都千代田区一ツ橋2の5の10
電　話　編集部 03-3230-6390
　　　　読者係 03-3230-6080
　　　　販売部 03-3230-6393（書店専用）
印　刷　大日本印刷株式会社
製　本　株式会社ブックアート

©Shueisha 2019 Printed in Japan
ISBN978-4-08-780881-0　C0076

定価はカバーに表示してあります。本書の一部あるいは全部を無断で複写・複製することは、法律で認められた場合を除き、著作権の侵害となります。また、業者など、読者本人以外による本書のデジタル化は、いかなる場合でもいっさい認められませんのでご注意ください。

造本には十分注意しておりますが、乱丁・落丁（本のページ順序の間違いや抜け落ち）の場合にはお取り替えいたします。購入された書店名を明記して、小社読者係宛にお送りください。送料は小社負担でお取り替えいたします。ただし、古書店で購入したものについてはお取り替えできません。